走，去古代吃顿饭

饮品

懂懂鸭 著

电子工业出版社·

Publishing House of Electronics Industry

北京·BEIJING

万物皆可酿做酒

酒是已经陪伴了我们3000多年的饮品。最初人们喝的是五谷酿成的粮食酒，造酒始祖杜康所酿的秫（shú）酒就是用高粱米发酵而成的。到了商代，人们又用稻米酿成了醴（lǐ）酒，也就是现代的米酒，它的酒精度数只有几度，味道偏甜，喝起来和饮料一样。

在古代，几乎所有粮食都可以拿来酿酒，比如流传至今的五粮液，就是集高粱、大米、糯米、小麦、玉米五种谷物于一体的豪华粮食酒。

五谷杂粮来做酒

1. 将酒曲拌入粮食。

2. 放到木甑（zèng）中蒸熟。

酒曲就是发了霉的熟米。

3. 将蒸熟的粮食铺撒在地面上晾晒。

惨遭"封杀"的白酒

元代中期，人们又发明了可将酒提纯的蒸馏技术，酿出了酒精度数在40度以上的白酒。但由于白酒在制作过程中需要消耗大量粮食，因此在明代初期粮食不充足的情况下，白酒被禁止生产。

直到清代，白酒才被解禁，结果饮用量立即超过了同时期的其他酒，成为全国上下最受欢迎的酒种。

果酒是天赐的玉露

传说山里的猴子将吃剩的果实残渣随手丢弃在岩缝中，时间久了，残渣腐烂发酵产生了酒浆，被路过的人发现，才知道原来水果也能酿酒。

水果内部自带糖分，无须额外添加酒曲便能发酵，所以果酒也被古人认为是老天爷赏赐的神饮。

1. 采摘新鲜的黑紫葡萄，不必用水清洗，保留表面的白色果粉。

2. 先用沸水烫坛杀菌，再倒入葡萄和水。

3. 用木杵将葡萄碾碎，大致呈糊状。

4. 封坛，放至阴凉处储藏10~20天。

很多帝王都爱喝葡萄酒

在所有果酒中，葡萄酒的地位是最高的，历代皇帝都为它"痴狂"。魏文帝特意写了一份诏书，只为告诉大臣葡萄酒有多么好喝。汉武帝为了能日日喝上葡萄酒，在宫殿旁边造了一座葡萄园。唐太宗征战西域时还不忘寻找当地的葡萄酒配方。元世祖想得最长远，他吩咐子孙后代用葡萄酒祭祖，这样等他死后也能在地下享用到后人进贡的葡萄酒了。

还有哪些水果能酿酒？

桑葚酒内含有丰富的抗衰老的微量元素，所以在清代成为了宫廷御用酒之一。传说乾隆皇帝能活到 89 岁高龄，桑葚酒也有一定的贡献。

青梅酒是具有传奇色彩的果酒。《三国演义》中就描写了曹操煮好青梅酒，邀请刘备来评论天下英雄的桥段。

产于广州的荔枝酒，是唐宋时期非常受欢迎的果酒之一。美食达人苏轼也对此酒赞不绝口。

宋代人李仲宾家有一个大梨园。有一年梨子大丰收，他就把剩梨装到缸中。等一段时日后想起来时，梨子已自然发酵成了酒。

因为柑橘所含糖分较低，要加米、面才能使其发酵。传说第一个酿成柑橘果酒的是安定郡王赵世准，他美滋滋地给酒取名为"洞庭春色"。

稀奇古怪的泡酒材料

古人认为常喝药材泡制的酒可以长命百岁，因此很多帝王都热衷于药酒。历史上最豪华的药酒要数清代的龟龄酒，它是由鹿茸、海马等33味名贵药材精炼而成的，可以说是一缸浓缩的中药大礼包。

除了植物药材，古代宫廷还流行提取动物的骨肉和脏器酿酒，比如猪胆、羊髓、蝮蛇、羚羊角、虎骨、鹿胎盘等材料都会被拿来泡制药酒。

药酒真的可以让人长寿吗？未必如此，不然热衷药酒的很多帝王也不会平均寿命只有40岁左右了。但酒确实是一种有助于发挥药效的药引子，医书《五十二病方》中就有三分之二的药方中用到了酒。

不过古代的药酒也并非都用于治病，还有些是赐死用的"毒药"。据说南唐后主李煜便是喝了由宋太宗所赐的牵机药酒而抽搐身亡的。

制作蛇酒

坊间传说用活蛇泡酒效果会更好，其实都是假的。

1. 首先要选一条没有毒的蛇，眼镜蛇、竹叶青蛇等剧毒蛇种是一定要避开的。

2. 将蛇开膛破肚，摘除内脏，只留下蛇肉，再用柴火熏干。

3. 酒一定要选酒精度在50度以上的白酒，可起到一定的防腐保质的作用。

4. 将蛇干和其他中药材一同放入酒中，浸泡约半年时间，即可饮用。

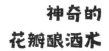

神奇的花瓣酿酒术

除了粮食、水果等，古人还会拿花朵来酿酒。但花朵都很脆弱，要想将花香植入酒水中，可得花点心思才行。

最简单的方式是碾磨。汉代有种百末旨酒，便是将一百种花朵放到大缸中，反复捣碾直到变成花泥，再加入酒曲发酵而成的。这种酒喝起来酸、甜、辣等多种口味混在一起，仿佛打翻了调味盒。

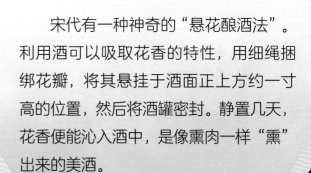

宋代有一种神奇的"悬花酿酒法"。利用酒可以吸取花香的特性，用细绳捆绑花瓣，将其悬挂于酒面正上方约一寸高的位置，然后将酒罐密封。静置几天，花香便能沁入酒中，是像熏肉一样"熏"出来的美酒。

古人还会采取露水酿酒。像宋代的金茎露酒，是先将菊花花瓣蒸出一层露水，再把露水收集起来酿酒。由于露水中的花香很淡，有时还要反复蒸上两三次才行。

饮酒有"器"度

好酒也要配好杯，古代酒杯样式繁多，形状也千奇百怪。有些酒杯是纯天然的动植物的一部分，也有些是经过精雕细琢的。有了这些丰富多彩的酒杯，喝酒也变得有趣起来。

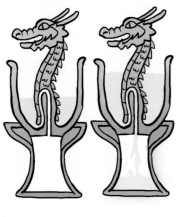

九龙公道杯：这是一种可以劝人不要贪杯的特殊酒杯，中间的龙头内部藏有一个弯形管道，若酒倒得太满，酒水就会因为压力顺着管道漏出去。

鹦鹉杯：古人给鹦鹉螺镶嵌上鎏金铜边后当成酒杯使用。由于螺壳内部有数个小隔层，饮酒时不能一口饮尽，却不断有酒渗出，给人一种杯中酒无尽的奇妙错觉。

镶金牛首玛瑙觥（gōng）：该酒觥以深红色玛瑙为原料，雕琢成牛头的形状，并在口鼻部位装有一枚可自由拆卸的金帽，拆掉金帽，杯中的酒即可自此流出。

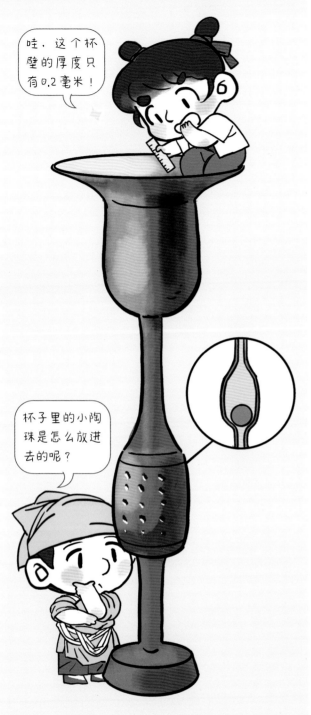

蛋壳黑陶高柄杯：距今 4000 多年前的古人，在没有精致工具的情况下，竟用双手打造出了壁厚只有 0.2 毫米的陶杯，和一敲即碎的鸡蛋壳是一样的厚度。杯体内还有一颗小陶珠，摇晃时伴随着清脆声响，放置时可使杯子保持平衡。

鸮卣（xiāo yǒu）：这只圆滚滚的"猫头鹰"是殷商时期的贵族才有资格使用的酒器，装的是当时最贵重的酒——加有郁金香香料的鬯（chàng）。

金瓯（ōu）永固杯：是清代自雍正皇帝开始举行开笔仪式时的专用酒杯。每年元旦子时，皇帝会将该杯放在养心殿长案上，注入屠苏酒，提笔题字祈福。

古代"酒鬼"名录

以前人们一般喝黄酒，酒精度数最高不过十几度，很多文人持杯豪饮，由此诞生了诸多知名"酒鬼"。酒将文人的真性情展现得淋漓尽致，那么这些大醉的"酒鬼"都是什么样的呢？

为酒正名的孔融：三国时期曹操施行禁酒令，孔融身为朝廷大臣，不仅偷偷在家喝酒，还上书曹操，列举了一系列爱喝酒的英雄，争辩喝酒有助于成就大业。

模仿动物喝酒的石延年：北宋时期的石延年自创了许多奇怪的饮酒姿势，比如像鸟一样卧坐在树干上"巢饮"，上蹿下跳的"鹤饮"，用稻麦秆把自己包裹起来，像乌龟一样只伸出头喝酒的"鳖饮"。

边走边喝的刘伶：竹林七贤之一的刘伶酒壶从不离身，走到哪里喝到哪里。他还让仆人扛着铁锹跟在后面，万一他饮酒过量离世，不用办葬礼，随便挖个坑埋了就行。

把石头坐出坑的陶渊明：隐居于南山的陶渊明，经常邀请好友去居所附近的大石头上喝酒，久而久之把石头坐出一个坑来。

越喝越能写的李白：李白喝了酒便文思泉涌，例如"直挂云帆济沧海""举杯消愁愁更愁"等名句都是他酒后写出来的。杜甫也曾写道："李白斗酒诗百篇，长安市上酒家眠。"

切勿贪杯的白居易：白居易喝酒很节制，一杯最好，两杯尚可，三杯以上要不得。

无事就饮酒的李清照：这位婉约派词人一生都在饮酒，据统计她留在世上的诗词中，近一半都与酒有关。晚年她常常临窗感怀，借酒消愁。

古人不可一日无茶

茶是古代日常饮品之一。春秋时期，民间就有吃茶的习惯，但只是茶叶与大米煮成的茶粥。直到唐代，陆羽撰写了一本如何喝茶的著作《茶经》，才算形成了一套标准的制茶方法。

采摘

蒸煮

捣碎

压模

晾干

封存

1. 焙茶：用茶针剖开茶饼放到茶笼中烘烤，直到饼茶变成"蛤蟆背"的形状。

唐代的茶都是先将茶叶磨成粉末，再用小火煎制而成的，味道很苦，所以会加各种辛辣食材调味。口味淡的人一般加盐，但也有人爱加花椒、葱、姜等重口味调料，因此唐代的茶喝起来又辣又咸，就像喝菜汤似的。

功不可没的茶饼

唐代人能喝上优质的茶，茶饼功不可没。经过烘焙和压模而制成的茶饼，能让茶叶更好地贮藏和运输。这样一来，即便在隆冬时节，人们也能享用到一杯热乎乎的香茶。

2. 碾茶：将烤好的饼茶用茶碾碾成细末。

3. 筛茶：手工碾出来的茶末颗粒大小不均匀，需要用茶罗再筛一遍。

4. 烧水：用燃好炭的风炉烧水。

5. 煎茶：当水面浮现气泡时，拂去表面的黑沫，接着继续将水煮沸，再舀出一瓢水，将茶末倒入并搅拌，再将之前舀出的水倒回，令茶汤停止沸腾。

为了写《茶经》，我研究了二十几年的茶叶，走遍了大半个中国的茶区。

三国时期，吴帝孙皓得知心爱的大臣韦曜酒量不佳，便特地允许他在宴会上用茶代替酒饮用，后来便有了宴席上"以茶代酒"的做法。

6. 调茶：在煎好的茶汤中加入需要的调料调味。

宋代泡茶竟然用"刷子"？

宋代的泡茶方式比唐代的还要复杂且讲究技巧，需用扫帚形状的茶筅（xiǎn）反复搅拌茶汤。由于该过程中手腕要不断做出刷洗的动作，所以也被称为"点茶"。最后"点"出的茶表面会浮现一层泡沫。有些厉害的茶艺大师还能将泡沫画成花鸟鱼虫等多种图样，像陆游、李清照、宋徽宗等人都是当时赫赫有名的茶画高手。

1. 先注入热水，给茶盏加热。

2. 放入茶粉后，分多次注入微量的热水，然后搅拌，让茶粉变成膏状。

听说西方有种和宋代茶画很像的技艺咖啡拉花，好想去见识一下啊。

你做得不对，要像我这样沿着碗边注入。

3. 沿着茶盏盏壁再次注水，注意热水不能直接浇到茶膏上。

4. 最后用茶筅（xiǎn）像搅鸡蛋一样迅速搅动茶汤，直到泡沫出现。该步骤需要迅速抖动手腕才能完成。

比比谁的
茶更香

宋代人不仅爱喝茶，还经常凑在一起比评谁泡的茶更好，当时这种行为被叫作"斗茶"。评选标准有两点：茶水表面的泡沫出现得越早越好，以及茶汤的颜色越白越好。

最后还要比较茶的味道。宋代的一盏好茶，用鉴茶大师宋徽宗的标准来看，要色泽如烟翠，泡沫似鱼鳞，口感顺滑无滞涩，香味浓郁可绕梁。

到明代喝碗香香茶

如果古人来到现代饮茶，明代人的适应速度一定是最快的，因为明代人喝的茶和现代的最接近——用沸水冲泡茶叶即可，口味清淡。唐代、宋代人喝的茶要用茶末煎、冲，一碗茶就像一碗汤羹。

明代冲泡茶的出现和开国皇帝朱元璋有关。朱元璋是平民出身，不喜欢王公贵族的烦琐讲究，一上台就废除了宋代劳民伤财的茶饼进贡制度，鼓励生产散装茶叶，随之才有了和现代做法相似的泡茶。

用水：明代人泡茶时，最重视的是水源。梅雨时节的雨水甘甜，流动的山泉水澄澈，冬季的雪水清冽，不同类型的水冲泡出来的茶各有一番滋味。

我泡了一碗《金瓶梅》中提到的"芝麻盐笋栗丝瓜仁核桃仁夹春不老海青拿天鹅木樨玫瑰泼卤六安雀舌芽茶"，滋味还不错。

制茶：明代人认为，前人的碾茶法令茶叶丧失了原有的清香，便改用小火炒制，或在日光下曝晒茶叶，所以明代的茶喝起来会有股香香的味道。

调料：除了喝清茶，明代民间还继承了元代人在茶里放果仁的习惯，会根据个人喜好在茶水中添加丰富的食物，比如豆子、芝麻等。

看气泡辨水温

在没有电水壶的时候，古人要靠观察水面浮现的气泡大小来辨别水温。

听声音

水壶传出咕噜咕噜声时是初沸，没有声响时是纯熟。

看水汽

几缕飘忽气流冒出时是初沸，一股热气猛冲上来时是纯熟。

水中出现小气泡时是初沸，当水沸腾如浪时是纯熟。

看气泡

气泡和虾眼一般大的时候，水温在 50~80℃。

气泡和蟹眼一般大的时候，水温在 85℃ 以上。

气泡和鱼目一样大时，水温已经达到 95℃ 上下了。

当水中不停有波浪翻涌时，便是 100℃ 的沸水了。

喝饮料是件要紧事

能养活一家人的米浆

　　米浆是自周代起就有的饮料，由米面等粮食发酵而成，味道又酸又苦，很像醋与酒的混合体，需要在里面加入桂花、蜂蜜、甘蔗汁等食材调味。在果汁出现以前，米浆是比较高级的饮料。

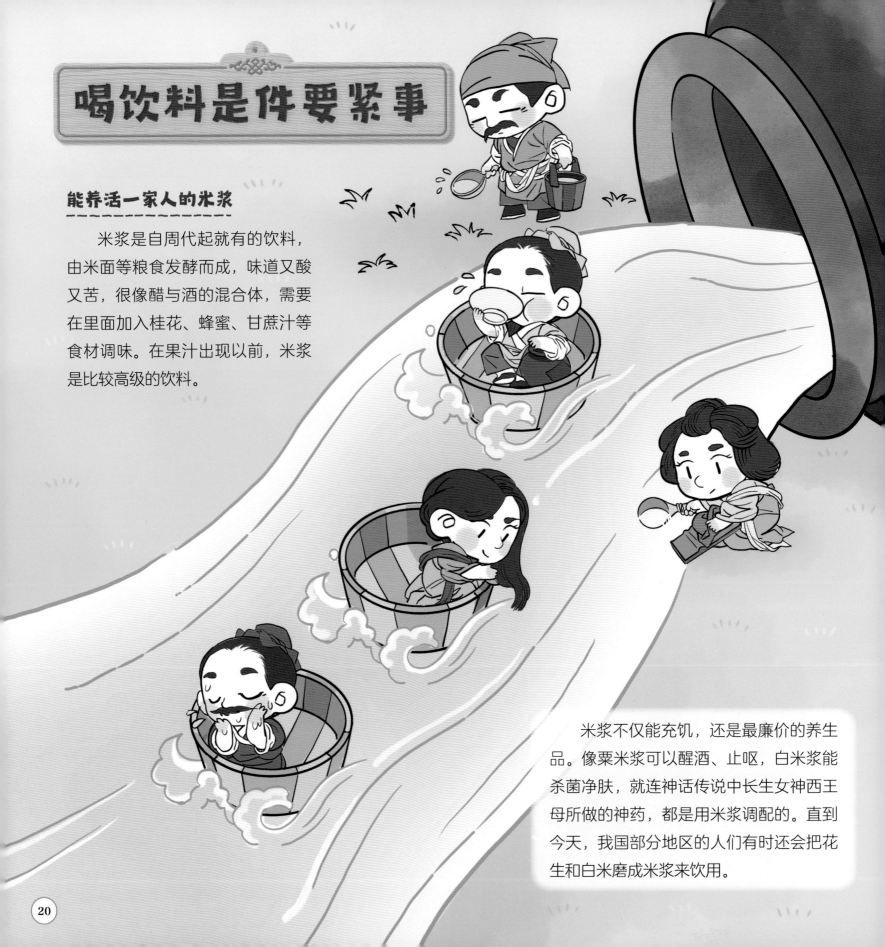

　　米浆不仅能充饥，还是最廉价的养生品。像粟米浆可以醒酒、止呕，白米浆能杀菌净肤，就连神话传说中长生女神西王母所做的神药，都是用米浆调配的。直到今天，我国部分地区的人们有时还会把花生和白米磨成米浆来饮用。

穿越千年的酸梅汤

从 3000 多年前的周代一直喝到了今天的酸梅汤，是陪伴我们最久的饮料之一。据说慈禧太后暑热天暂居西安时，一心只想喝冰镇酸梅汤。下人只得跑到附近太白山深处的岩洞里现凿冰块，这才满足了慈禧太后的需要。

好喝的酸梅汤一定是冰镇出来的，最好再放入些许碎冰，这样喝的时候能先吮吸冰块上的酸汁，然后将冰块嚼碎，别提多凉爽了。

1. 周代人将乌梅捣碾成果肉与汁液混在一起的梅浆食用。

2. 秦始皇有一段时间食欲不振，方士徐福就献上了用乌梅和山楂熬成的药汤。秦始皇饮后胃口大开，便把这种饮料定为国饮。

3. 南宋时期，杭州夜市上出现了一种叫作"卤梅水"的饮料，是最早在市面上售卖的酸梅汤。

4. 据说明太祖朱元璋在起义之前曾靠卖酸梅汤为生，后来酸梅汤商贩便把他的画像作为祖师爷供奉。

5. 清末民初的北京商贩卖酸梅汤时，会手持一对儿铜碗组成的冰盏，一边敲出"叮叮当当"的声响，一边吆喝道："喝到嘴里凉儿嗖嗖诶——"

6. 酸梅汤在现代依然很受欢迎，年轻人吃火锅时最喜欢搭配的凉爽饮品就是酸梅汤啦！

元代人爱喝柠檬汁

现代果茶里常放的柠檬，在元代时就已经被使用了。当时人们做柠檬水的方式和现在的梨汤有些相似：将果实放入砂锅中小火煎熬，直到果汁渗入水中。

用柠檬煮出来的水很酸，放点蜂蜜吧。

哎呀，好像味道有点淡，那再放点麝香吧。

柠檬树喜欢温暖的生长环境，于是元代宫廷特意在广州建了一座御用果园，栽种了近 800 棵柠檬树。为了保证远在北方的宫廷能及时喝上新鲜的柠檬汁，还设立了"园官"，专门种植采摘柠檬，然后从水路送往大都，大概经过半个月就能到达。

现代的柠檬水是用切片的柠檬泡出来的！

虽然喝柠檬水有益于身体健康，但是元代柠檬水的做法其实是错误的。高温的沸水会对柠檬中的维生素 C 造成一定破坏，使营养成分大打折扣，所以新鲜的柠檬最好用 60~70℃ 的温开水泡制。

古代豪华榨汁机

能喝上纯正的手工压榨出来的果汁，已经是明代时候的事情了。当时人们为了更快速地压榨甘蔗，发明了一种形似板凳的木制机械"蔗床"。它的面板向一侧倾斜，中间设有一个能贯通两端的圆槽，只要把甘蔗放到中间并用力压下手柄，甘蔗汁就能沿着凹槽流淌出来。

蔗床的出现，意味着自明代起，人们终于能喝上纯天然的果汁了！

现代的榨汁机操作简单，而且榨出的果汁更多。

每日必喝的"能量"饮料

古人还常喝用药材、香料和水果等材料熬煮成的"饮子"，和现代的一些"能量"饮料作用相似。

明清时期，饮子逐渐被茶和牛奶代替。但由于广东、广西一带气候炎热，民间仍会用寒性中草药煎饮子喝，直到近代才改名换姓成了凉茶。

王氏饮品店

二陈汤：用干橘皮、白茯苓等材料煮制的二陈汤，宋代百姓早起时都会喝上一碗，以提神醒脑，和现代人喝咖啡是一样的作用。

五色饮：古代有一种饮料套餐，共有青、赤、白、黑、黄五杯，分别采用不同的中药材熬煮制成。

杏酥饮：把杏仁粉用沸水冲开，再配以花生、芝麻、葡萄干等十余种佐料饮用，可比现代的杏仁饮料口感丰富多了。

贵族爱喝有香味的凉白开

古代还有一种叫"熟水"的高级饮料，只流行于宋代贵族之间。人们在制作熟水时通过特殊手法保留了食材香气，比如做香花熟水要取冷水泡制，做桂花熟水则要摘鲜花放于火上烘干。其真实口感可能比现代的茉莉花茶味道还淡一些，尝起来更像带着淡淡花草香的凉白开。

然而就是这样一种寡味无色的饮料，也让宋仁宗皇帝痴迷不已。他不仅自己研发熟水，还命令翰林院举办了一场熟水点评大会，最后评出了多种奖项。

翰林院

白豆蔻熟水：李清照开发的名饮，做法很简单——将豆蔻去壳，丢到沸水锅中焖煮。唯一的要求是豆蔻不多不少，只能 7 颗。

紫苏熟水：这种熟水不仅拥有迷人香气，还能预防心脑血管类的"富贵病"，怪不得受到达官贵人的偏爱。

梁秸熟水：用稻草秆泡制的饮料，味道极淡，只有味觉特别灵敏的人才能尝出稻草的香味。

最受欢迎

红人奖

鼓励奖

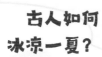

古人如何冰凉一夏？

古人的夏天和我们一样，也要喝冰水消暑。在六月的宋代都城开封，桥门市井、巷陌路口上售卖冷饮的小贩随处可见。有些大规模的冷饮摊还会撑起青布大伞，摆好桌椅，以供食客边歇息边吃食，就像现代的户外饮品店一样。

冰沙：古人将冰块捣成冰沙，再在上面浇淋蜂蜜、豆沙、桂花酱等食材调味，可口程度不亚于现代冰沙。

冰雪冷元子：北宋红极一时的冷饮。先把黄豆炒熟去壳，再用砂糖或蜂蜜拌匀，加水团成小团子，最后兑入冰水而成，和现代奶茶中的芋圆口感相似。

椰子水：宋代时人们已经吃上了热带水果，例如天然椰汁就是当时市面上的常见饮料。

药冰水：夏日时节，有些富裕人家会在街头路边为路人无偿提供用中药熬制的冰水。

梅花酒：名字里虽然带"酒"，但其实是一种梅花味凉饮。摊贩还会吹奏小曲《梅花引》来吸引客人。

渴水：取水果压榨出的汁水，放入锅中熬煮后放凉而成。杨梅和木瓜是当时最受欢迎的两种口味。

雪泡缩脾饮：将砂仁、乌梅、甘草等药材煎水兑冰而成，可以缓解中暑的不适感。

是谁捧红了奶茶

　　奶茶是多文化交融的产物。唐代文成公主远嫁西藏时，将汉人的饮茶风俗也一并带了过去。藏民本来就有喝奶的习惯，又受到大唐茶文化的影响，在奶中加入茶叶，便有了最早的奶茶——酥油茶。

　　虽然奶茶出现得早，但在古代一直是小众饮品，只有个别达官贵人才爱饮用。直到清代满族人掌权，才将奶茶提升到一级宫廷饮品的地位：人们每天早起和睡前喝奶茶，并且祭祖和款待来宾时献奶茶，每年为煮奶茶而消耗的茶叶量高达数千斤！看来清代人才是真正的"奶茶控"呀。

唐德宗：这位皇帝不仅爱喝奶茶，还会亲自煮奶茶，并在里面添加花椒，将其调成咸辣口味。大臣李泌看了，将奶茶的泡沫比作"琉璃眼"。主仆举杯对饮奶茶，还挺浪漫。

王肃：据记载，首位喝奶茶的中原人是南朝贵族王肃。当时为躲避内乱，他扮成僧人逃去了北魏。作为一个娇生惯养的南方公子哥，王肃无法适应游牧民族的饮食习惯，便在羊奶中加入茶叶调味，结果口感出人意料地不错。

忽思慧：元代名医忽思慧记载过一种"兰膏茶"。先将奶酥融化成液状，再倾入茶末搅拌，并按照时节加水调温，夏天用冰水，冬季用沸水，春秋则用温水。果然医生就是比普通人更重视养生。

张岱：明末文人张岱觉得市面上卖的乳酪都不好吃，便自己在家里养了一头奶牛。夜里取满一盆奶，早上收集奶面上堆起的奶皮，用铜铛煮沸，再添加兰雪茶末，最后得到的奶茶似琼浆玉露般美味。

酪浆煮牛乳，玉碗拟羊脂。
御殿威仪赞，赐茶恩惠施。
子雍曾有誉，鸿渐未容知。
论彼虽清矣，方斯不中之。
巨材实艰致，良匠命精追。
读史浮大白，戒甘我弗为。

乾隆：乾隆皇帝特地命人制作了一个镶嵌有 108 颗红宝石的奶茶碗，又专门为奶茶写了首赞美诗，并刻在碗的内壁上，每有重大筵宴时就用这个玉碗饮奶茶、赐奶茶。

现代奶茶是怎么来的

奶茶由中国人调兑出来后，随着贸易和文化的交流传到了阿拉伯、印度、英国、美国等国家和地区，吸收了当地的饮食文化，才逐渐演变为我们现在所喝的奶茶。

吸管：1888年，美国人马文·史东从烟卷获得灵感发明了纸质吸管。在此之前，人们都是用麦秆或芦秆吸食饮料的。

蔗糖：唐代的咸奶茶传至盛产蔗糖的阿拉伯国家，当地人在奶茶里加入很多糖。这种喝法被欧洲人在新航路开辟时期传播到了世界各地，现在的甜奶茶也由此而来。

仙草冻：现代奶茶常见的配料之一，做法源自福建民间。将中药仙人草放入锅中煎煮，再在药液中加入木薯粉，搅拌煮熟，最后放到容器中令其凝固而成。

拉茶：唐代时期藏族人喝的酥油茶传入印度，当地人改良发明了在两只杯子中倒来倒去的拉茶。这样做出的奶茶味道更香醇，以香滑闻名的丝袜奶茶就采用了这种做法。

珍珠：相传清代时期，台湾进贡了一种煮熟后食用的木薯粉小团子，慈禧太后吃后赞不绝口。1987年，台湾的一家饮品铺老板试着将小团子加进奶茶里，就有了流行至今的珍珠奶茶。

清代就有汽水喝

汽水是舶来品，大约在清代同治年间传入我国。当时人们把所有从西洋传来的新奇玩意都叫作"荷兰XX"，于是汽水进入中国的前几十年里，一直被叫作"荷兰水"。

荷兰水在晚清时期是比较珍贵的饮料，通常被拿来款待宾客，平日里很少能喝到。当时甚至有人舍不得丢掉汽水瓶，收集起来当藏品。

早期的汽水味道都很淡，通常是用薄荷或柠檬调制的，而且多作为药剂在药店出售。

以前的汽水瓶不是用瓶盖封口的，而是用玻璃珠。在汽水灌满瓶子的瞬间迅速将瓶身倒置，瓶内的玻璃珠会被液体顶到瓶口，将汽水瓶密封。喝的时候用力压一下玻璃珠，汽水即会喷出来。

我们在家也可以自制汽水哦。只要将适量的小苏打倒入白开水后密封，待气泡浮出时就可开盖饮用啦。

我们喝完汽水会打嗝，是因为汽水中含有大量无法被人体吸收的二氧化碳，它们需要以打嗝的方式从口腔里"逃跑"。

古代羹汤也有别

羹是最早的主菜

现代汉语中"羹汤"可以用来指所有带汁水的菜肴，但在唐代以前，并没有汤的说法，人们只吃羹。据记载，最早的羹出现在周代，古人把肉、菜、米、面放到锅中煮成大杂烩，将不加调料的羹祭祀神明，加调料的羹则摆上日常餐桌。

羹在周代时便是顶级的佳肴了，一般作为主菜食用。所以询问周代人的饮食，不应该问"你吃的是什么菜"，而要问"你吃的是什么羹"。

五味羹：周代人把盐、梅子、葱、姜、蜂蜜和酒混在一起，做成带有咸、酸、辛、甜、苦五种味道的混合调料，加入羹中食用。

不乃羹：流行于唐代时期两广地区的奇特羹汤，只在宴会上食用。食用时从宴会主人开始，斟满一勺饮尽，再传给旁边的人，直到每个人都喝过。

宋嫂鱼羹：将鳜鱼或鲈鱼切成细碎的小条烩制而成，吃起来有蟹肉的口感，也被叫作赛蟹羹。宋高宗下江南时对此羹赞不绝口，宋嫂鱼羹由此闻名天下。

五味调和，终得一羹。滋味多多，营养多多。

这鱼羹色泽油亮，鲜嫩滑润，味道好极了！

五味羹

不乃羹

宋嫂鱼羹

假鳖羹：元代有一种以假乱真的甲鱼汤，用去皮的鸡肉、黑羊头肉和捏成团的鸭蛋黄、豆粉分别冒充鳖肉、鳖边和鳖蛋，放进锅里加水煮熟，口感和色相都与真的甲鱼相近。

玉带羹：宋代文人林洪与友人在山中聚会时，就地取材用石下的芦笋和湖中的莼菜做了锅羹汤，由于笋似玉，莼似带，便取名为"玉带羹"。

碧涧羹：水芹菜在古代被称为最美食材，人们喜欢它浓郁的清香，切碎加水做羹。翠绿的芹菜荡漾在清汤上，好像染成绿色的流水，因此被称为"碧涧"。

雪霞羹：将红色芙蓉花瓣过水加热，与切碎的豆腐一同下锅煮熟，因红装素裹，品相妖娆，得以"雪霞"的美名。

佛跳墙：据传说，一帮乞丐将四处讨来的饭菜都放到瓦罐里，一名饭铺老板竟然从瓦罐中闻到奇香，受其启发，回店研发了将鲍鱼、海参、鹌鹑蛋等原料杂烩而成的佛跳墙。

文思豆腐羹：相传由扬州的文思和尚所创，将豆腐切成细碎小丝再下锅煮成，被乾隆皇帝列入了满汉全席的菜单。

姗姗来迟的汤

到了明代，汤代替羹成为所有汁水类菜肴的总称。羹虽然也会出现在菜名中，但一般用于米面勾芡的浓汤。由于羹的历史更悠久，用"羹"字命名更古雅，有些做法复杂的汤菜也会被称为羹。

飞龙汤：慈禧太后晚年，令御医们制作各种滋补药膳。东北有种被叫作"飞龙"的榛鸡，做成汤有大补的功效，因此常常被一批批从东北运送至京城。

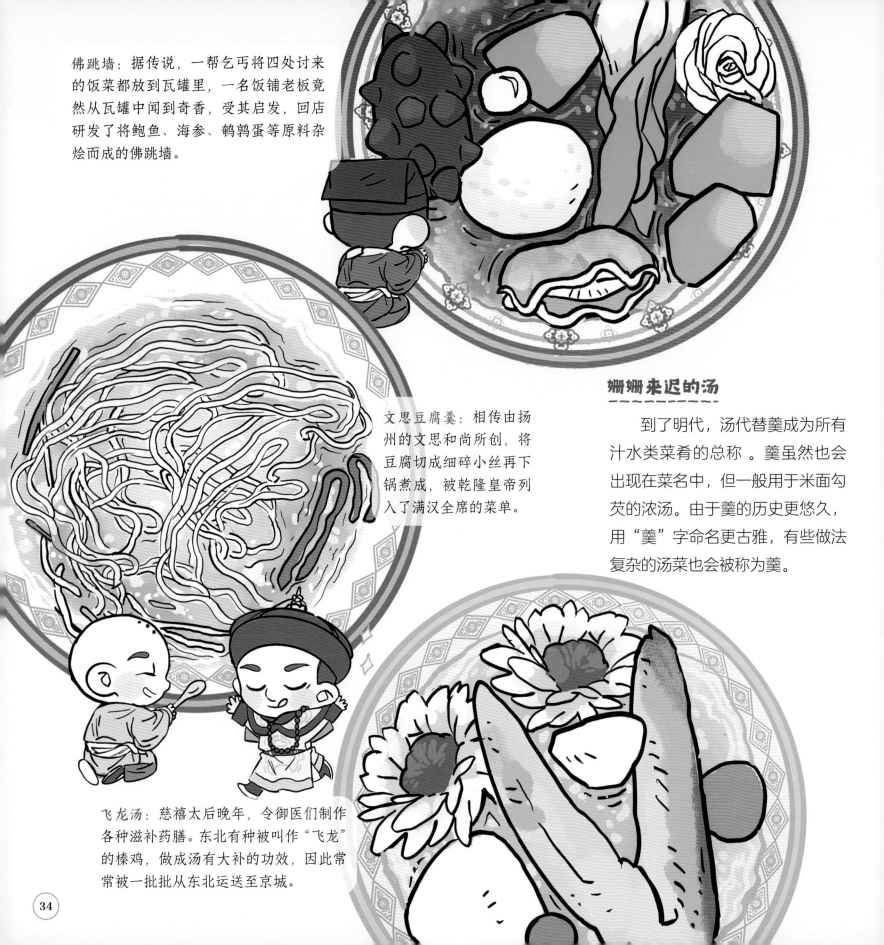

奶汤蒲菜：以大明湖出产的质地鲜嫩、色泽洁白、味道清鲜的蒲菜为主料，配有苔菜花、冬菇，加奶汤烹制而成，被誉为济南第一汤菜。

关于汤在中华饮食中的地位，明末文人李渔说得最为清楚：汤不是专门为宴请宾客准备的重菜，只是佐饭时的配菜，目的是让人吃饱。

汤的存在，是提醒我们粒粒皆辛苦，饮食应节制，切勿铺张浪费。

燕窝八仙汤：燕窝做汤是明清时期王公贵族的经典食法。像明代崇祯皇帝要求，每次厨子煮好羹汤，都要先让五六个太监品尝一番，参酌咸淡后再献给皇帝。

霸王别姬汤：将小鸡和鳖一同下锅炖煮的传统汤菜，是江苏和安徽人民为了纪念项羽和其爱妃虞姬而创，取王八、鸡的谐音分别代表霸王项羽和虞姬。

图书在版编目（CIP）数据

走，去古代吃顿饭. 饮品 / 懂懂鸭著. --北京：电子工业出版社，2022.11
ISBN 978-7-121-44427-2

Ⅰ.①走…　Ⅱ.①懂…　Ⅲ.①饮食－文化－中国－古代－少儿读物　Ⅳ.①TS971.2-49

中国版本图书馆CIP数据核字（2022）第192970号

责任编辑：董子晔
印　　刷：河北迅捷佳彩印刷有限公司
装　　订：河北迅捷佳彩印刷有限公司
出版发行：电子工业出版社
　　　　　北京市海淀区万寿路173信箱　邮编：100036
开　　本：889×1092　1/12　印张：15　字数：134.75千字
版　　次：2022年11月第1版
印　　次：2022年11月第1次印刷
定　　价：128.00元（全5册）

凡所购买电子工业出版社图书有缺损问题，请向购买书店调换。若书店售缺，请与本社发行部联系，联系及邮购电话：（010）88254888，88258888。

质量投诉请发邮件至zlts@phei.com.cn，盗版侵权举报请发邮件至dbqq@phei.com.cn。

本书咨询联系方式：（010）88254161转1865，dongzy@phei.com.cn。